間違いだらけのサイバーセキュリティ対策

問題回避型→目的志向型で実装する
効果的なセキュリティ強化策

日本マイクロソフト
香山　哲司

本書内容に関するお問い合わせについて

このたびは翔泳社の書籍をお買い上げいただき、誠にありがとうございます。弊社では、読者の皆様からのお問い合わせに適切に対応させていただくため、以下のガイドラインへのご協力をお願い致しております。下記項目をお読みいただき、手順に従ってお問い合わせください。

●ご質問される前に

弊社Webサイトの「正誤表」をご参照ください。これまでに判明した正誤や追加情報を掲載しています。

正誤表　http://www.shoeisha.co.jp/book/errata/

●ご質問方法

弊社Webサイトの「刊行物Q&A」をご利用ください。

刊行物Q&A　http://www.shoeisha.co.jp/book/qa/

インターネットをご利用でない場合は、FAXまたは郵便にて、下記"翔泳社 愛読者サービスセンター"までお問い合わせください。
電話でのご質問は、お受けしておりません。

●回答について

回答は、ご質問いただいた手段によってご返事申し上げます。ご質問の内容によっては、回答に数日ないしはそれ以上の期間を要する場合があります。

●ご質問に際してのご注意

本書の対象を越えるもの、記述個所を特定されないもの、また読者固有の環境に起因するご質問等にはお答えできませんので、予めご了承ください。

●郵便物送付先およびFAX番号

送付先住所　〒160-0006　東京都新宿区舟町5
FAX番号　03-5362-3818
宛先　（株）翔泳社 愛読者サービスセンター

※本書に記載されたURL等は予告なく変更される場合があります。
※本書の出版にあたっては正確な記述につとめましたが、著者や出版社などのいずれも、本書の内容に対してなんらかの保証をするものではなく、内容やサンプルに基づくいかなる運用結果に関してもいっさいの責任を負いません。
※本書に掲載されているサンプルプログラムやスクリプト、および実行結果を記した画面イメージなどは、特定の設定に基づいた環境にて再現される一例です。

目次

はじめに 5

第1章　繰り返されるサイバー攻撃、その共通の手口とは？ 9

「1425％」という数字の衝撃 10

従来型攻撃と標的型攻撃の違い 11

日本年金機構のインシデントはどうだったのか？ 12

まとめ 13

第2章　ウイルス対策ソフトは死んだのか？「防御には限界あり」の本当と嘘 17

「ウイルス対策ソフトは死んだ」の真意 18

「多層防御」の本来の目的を再確認する 19

まとめ 20

第3章　放置される情報セキュリティポリシーの不備「ネットワーク認証」と「ローカル認証」の違いを意識してる？ 23

情報セキュリティポリシーとは何か？ 24

情報セキュリティポリシーの古くからの課題 25

まとめ 31

第4章　多層防御による各対策例　セキュリティ対策は“目的志向型”で実装しよう 33

セキュリティ対策の目的志向型と問題回避型 34

目的志向型に基づく具体策とは―多層防御における各対策例 36

まとめ 39

第5章　識別、認証、認可。3つのフェーズを考慮してアクセス制御を改善しよう！ 41

制御を奪われないための“基本中の基本”の再確認 42

3つのフェーズを考慮し改善しよう：1. 識別フェーズでの改善 43

3つのフェーズを考慮し改善しよう：2. 認証フェーズでの改善 46

3つのフェーズを考慮し改善しよう：3. 認可フェーズでの改善 51

まとめ 52

第6章　「セキュリティファースト」を現実的にどう実現すべきか？ 53

あとからセキュリティ強化策を実装するのは困難 54

セキュリティファーストをどう実現していくべきか？ 56
まとめ 57

第7章　効果的にログを活用できていますか？ “基準”がなければ、ただのログ！ 59

ログの活用の課題 60
課題1：ログを予兆管理として活用していないこと 60
課題2：ログが削除されるリスクへの対応が十分でないこと 62
効果的なログの活用のために 63
まとめ 64

第8章　根本原因に対応しない限り、本質的な解決にならない！ 65

根本原因に対応しない限り、本質的な解決にならない 66
“運用する体制”と“運用するためのプロセス”が重要 67
権限・アクセス制御を奪われないことが重要な目的 67
まとめ 69

おわりに 71

はじめに

ITに関する技術は日進月歩です。従来の技術水準では実現が困難であることや、実現できたとしてもコストがかかり過ぎて実用化は難しいと思われていたことが、イノベーションによってそれを乗り越え実現していきます。スマートフォンやクラウドなどはその象徴でしょうし、今後はAI、IoTといった分野がそれに続き、その発展が期待されています。

しかし、あらゆる科学技術は二面性を持っています。学術的にはこのことを「価値中立性」とも言うようですが、同じ科学技術でも、良いことにも悪いことにも使え、その価値の平均をとれば結局プラス・マイナスゼロということでしょう。代表的なセキュリティ対策の「暗号化」も例外ではありません。

「暗号化」は本来、情報を保護するという“正しい目的”のための技術ですが、悪意を持って情報を利用不可にするという“不正な目的”にも使えるのです。2015年後半から被害が続出したランサムウェアによる攻撃はまさにそれにあたり、「暗号化」という技術の価値中立性を示していると言えます。

新しい技術によって、今までにない価値を提供できるようになる結果、社会や人々の暮らしがよりよいものになることが期待されます。しかしそれに呼応するようにリスクも増大するのです。リスクが顕在化した出来事のひとつがサイバー攻撃による大規模な情報流出などのセキュリティインシデントでしょう。

かつて愉快犯的だったサイバー空間での不正が、経済的な利益を得ることなど明確な目的に推移し、攻撃の成功率を上げるためにますます手法が高度化していきました。その結果、重要な情報が不正にアクセスされ、企業・組織のトップが謝罪会見を開くということも珍しいことではなくなってきました。

ただし、こうしたセンセーショナルな出来事ばかり発信される傾向から、これは特殊なことであり「自分の会社・組織にはあまり関係しないのでは？」という印象を持たれる方も少なくないでしょう。

しかし、ニュースになるようなインシデントだけではなく、公表されていないものもあります。また、公表されたとしても目立った被害が出なかったため、大きく取り上げられていないセキュリティインシデントもあります。

そして、サイバー攻撃の手法が高度で防ぎきれないという論調がある一方、攻撃の成功を許してしまっている原因は、情報セキュリティ全体の知識不足・誤解、地道な対策を怠っていることにある場合が多いのです。筆者の経験の範囲ではありますが、こうした不備は多くの組織で共通しており、どこでも起こり得ることとして認識する必要があります。

情報セキュリティに関わったことのある方であればすっかりおなじみの情報セキュリティの維持に必要な3つの特性として、機密性、完全性、可用性がありますが、図1の典型的なサイバー攻撃の一連の流れを追えばこの3つの特性がさまざまな場面で崩れていることが分かります。

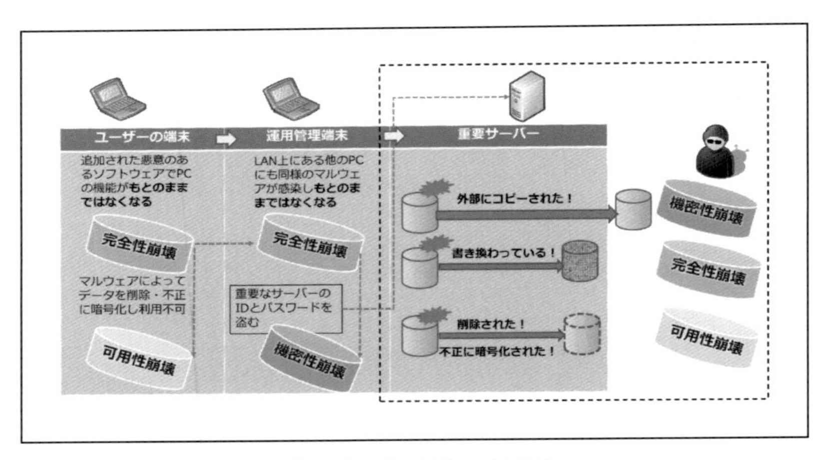

● 図1　サイバー攻撃の一連の流れ

望ましくない現象として被害が具体的であるため、どうしてもインシデントの結果に着目されがちです。

図1の右半分の破線枠内に示した状況は、攻撃が成功したあとの被害を示していますが、各種セキュリティ対策はこの領域を対象にしているものが多いのです。

しかし、この図を見てお分かりのとおり、被害が拡大する最初のきっかけは一般のユーザーの端末に預かり知らぬソフト、つまりマルウェアがインストールされてしまっていることなのです。

そして、被害が徐々に拡大している攻撃の全体像を知れば、前述のような被害の結果だけに対策しても再発防止にはならないことがお分かりいただけるでしょう。

本書では、昨今の攻撃の起点となっているクライアントPCを軸にしながら、サイバー攻撃に備えるための効果的な対策を解説します。筆者の現場経験も織り交ぜながら、システムを構築していく上での考え方と、それをもとにした設計・実装・運用について時系列を考慮して解説していきます。

- **現状分析・改善点の特定のため**
  - 第1章　繰り返されるサイバー攻撃、その共通の手口とは？
  - 第2章　ウイルス対策ソフトは死んだのか？　「防御には限界あり」の本当と嘘
  - 第3章　放置される情報セキュリティポリシーの不備　「ネットワーク認証」と「ローカル認証」の違いを意識してる？
- **要件・設計　堅牢なシステム構築のため**
  - 第4章　多層防御による各対策例　セキュリティ対策は“目的志向型”で実装しよう
  - 第5章　識別、認証、認可。3つのフェーズを考慮してアクセス制御を改善しよう！
- **実装・運用　安定したシステム運用のため**
  - 第6章　「セキュリティファースト」を現実的にどう実現すべきか？
  - 第7章　効果的にログを活用できていますか？　“基準”がなければ、ただのログ！
- **全体の振り返り**
  - 第8章　根本原因に対応しない限り、本質的な解決にならない！

本書を通して、読者の皆さまの明日からの活動をより有意義なものにしていただければ幸いです。

第 1 章

繰り返されるサイバー攻撃、
その共通の手口とは？

サイバー攻撃による大規模な情報流出などのセキュリティインシデントは繰り返し発生しています。こうした状況が続くのは、サイバー攻撃の手法が高度化していることが原因のひとつですが、その一方で、防御する側にも課題があります。なかでも、多くのセキュリティ専門家や情報セキュリティ対策の向上に取り組んでいる機関が“すでに注意喚起している弱点”を放置したままのために攻撃の成功を許してしまっていることが少なくないのです。そこで、第１章では、本書を読み進める上でのポイントとなる「サイバー攻撃の共通の手口」そしてそこに見え隠れする「攻撃の重要なマイルストーン」がどこにあるのかを解説します。

「1425%」という数字の衝撃

この数字が意味するものは何だと思いますか？　これはサイバー攻撃者側のROI（Return On Investment）、投資対効果を示す数字です。700円ばかりの投資をすれば１万円のリターンがあるという計算になります。なぜ、このような高い効率を許してしまうのでしょうか。

サイバー攻撃を仕掛けようとする攻撃者側のマルウェア開発の効率が上がり、攻撃手法そのものが洗練されてきたことが原因になっていることは想像に難くないですが、「守る側の弱点」がどこもほぼ似たような状況にあることも原因ではないでしょうか。この推測が正しいとすれば、同じ攻撃手法が使い回しできることになり、攻撃者にすれば「こんなおいしい環境はない」、まさに“うま味たっぷり”の環境が民間企業や公共機関にあることになります。

そのため1425%もの数字[注1)]を上げていると推測します。そして、これが前述のように専門家がすでに注意喚起している弱点を放置していることにより招いた結果だとすれば、よく言われる「サイバー攻撃はもう防ぎきれない」という結論を出す前に、やるべきことがたくさんある段階と言わざるを得ません。

注1) 1425%という数字は、「ランサムウェア」と呼ばれる身代金を要求する悪意のあるソフトウェアで攻撃を仕掛ける場合、それに必要な準備コストや運用コストと、攻撃が成功した場合に得られるであろう金額から算出された数字です。そのため、すべてのサイバー攻撃で同様の数字を達成することを意味していませんが、サイバー攻撃の犯罪者側の投資対効果が高いことを示す具体的な数字と言えるでしょう。

従来型攻撃と標的型攻撃の違い

それでは、従来型攻撃と標的型攻撃の違いは何でしょうか。

標的型攻撃の特徴は、クライアント端末を起点に攻撃が開始され、それが成功すると他の端末にも感染が拡大し、最後は認証サーバー、多くはActive Directoryの管理者権限を奪われ、ドメイン内のサーバーやクライアントPCの制御が奪われることです（図1.1）。

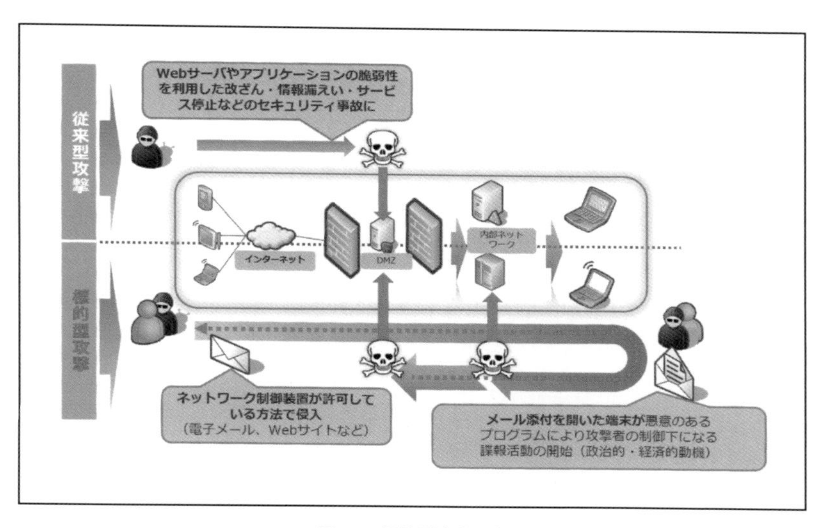

● 図1.1　標的型攻撃の特徴

2014年12月19日には、JPCERTコーディネーションセンター（JPCERT/CC）からも「Active Directoryのドメイン管理者アカウントの不正使用に関する注意喚起」[注2]が出されました。クライアント起点という表現こそありませんが、攻撃者の狙いが管理者アカウントであることが繰り返し解説されています。

注2）JPCERTコーディネーションセンター（JPCERT/CC）「Active Directoryのドメイン管理者アカウントの不正使用に関する注意喚起」：https://www.jpcert.or.jp/at/2014/at140054.html

日本年金機構のインシデントはどうだったのか？

日本年金機構における個人情報流出のインシデントは、2015年の重大ニュースのひとつにさえなり、社会的に影響の大きいものでした。NISC（内閣官房サイバーセキュリティセンター）の「日本年金機構における個人情報流出事案に関する原因究明調査結果」に以下の解説があります[注3]。

> **2.4　感染端末に対するフォレンジック調査**
> 感染端末に対しシステム運用業者が行ったフォレンジック調査の結果について入手し、その内容を確認した。一般に、フォレンジック調査によって知ることのできる内容には限界があるが、感染端末に対するフォレンジック調査により、不審メールに係る不正プログラムが実行された形跡のほか、権限昇格を行うものなど各種の不正プログラムが実行された形跡、ファイル圧縮等の情報収集活動の形跡、**ローカル管理者権限による不審な活動の形跡等**が確認された。
>
> **2.5.2　攻撃の概要　(4) 不審メールⅣによる攻撃**
> このメールの送信により、攻撃者は、端末１台を不正プログラムに感染させた。
> この感染端末が指令サーバーに接続した後、攻撃者は、当該端末を遠隔操作し、約30分後には当該端末のローカル管理者権限を奪取したと考えられる。その後、攻撃者は、２時間以内に他の６台の端末を順次不正プログラムに感染させ、うち３台を遠隔操作下に置くことに成功した。攻撃者は、**すべての端末においてローカル管理者権限のID・パスワードが同一であったことを悪用し、**短時間で感染を拡大させたと考えられる。

注3) 内閣官房サイバーセキュリティセンター（NISC）「日本年金機構における個人情報流出事案に関する原因究明調査結果」：http://www.nisc.go.jp/active/kihon/pdf/incident_report.pdf

マルウェアが含まれたメールを開いてしまったことが、初期の攻撃の成功を許した原因ではありますが、それだけで百万単位の個人情報が流出したわけではありません。繰り返しになりますが、やはり以下のような調査結果を重く捉える必要があります。

- ローカル管理者権限による不審な活動の形跡等
- すべての端末においてローカル管理者権限のID・パスワードが同一であったことを悪用

このレポートを読むとさまざまな考察ができ、改善点をあげることができますが、本書の中で順次テーマにしていきたいと思います。

まとめ

第１章のまとめとして、標的型攻撃の代表的な一連の流れを解説し、以降の章を読み進めるにあたっての基礎情報を共有します。

(1) 組織のクライアントPCのローカル管理者（administrator）の資格情報を奪う

資格情報を奪う手法はさまざまです。たとえば次のような手法があります。

- 標的型メールにマルウェアが添付されたファイルを開封
- Webサイトへのアクセスによりマルウェアが勝手にダウンロード
- マルウェアが保存されたUSBメモリーを接続

(2) クライアントPCのローカル管理者のパスワードが組織内共通のパスワードが設定されている場合、それを悪用し（1）で奪った資格情報を使って、別のPCにもマルウェアを感染させる

(3) 何台ものクライアント PC がマルウェアに感染していくうちに、Active Directory の運用操作（通常リモートデスクトップ接続）をしている PC にも感染が及ぶ

(4) Active Directory の運用を行うための認証操作、通常 ID とパスワードを入力することを狙い資格情報を奪う

資格情報を奪う手法はさまざまです。たとえば次のような手法があります。

- キーボードの入力を不正に取得するキーロガー
- メモリーに格納された認証情報を不正に取得するマルウェア

(5) 攻撃者側の「狙い」に応じた、不正が行われる

- 情報を盗む　……　機密性が崩れる
- デタラメなデータに書き換える　……　完全性が崩れる
- システムを停止する、破壊する　……　可用性が崩れる

さて、もうお気づきかと思います。用いる攻撃手段はさまざまですが、攻撃者の狙いはぶれていません。一連の攻撃を成功させるための重要なマイルストーンとして、管理者権限を奪うことに狙いを定めています。そしてこれは、多くのセキュリティインシデントの共通点なのです。

しかし、各種報道や報告では分かりやすさもあり、どうしても（1）の「標的型メールの扱いが適切ではなかったこと」を原因として取り上げがちです。そのため、不審な電子メールを開かないようにすることがサイバー攻撃への対応として最優先課題となっている傾向があります。標的型メール開封訓練などがその例になるでしょう。

これでは、管理者権限を奪うという攻撃者の狙いを封じる効果は限定的、いや、ほとんどないとも言えます。標的型メールが巧妙化し、見破ることが非常に困難になっているからです。

このまま攻撃者の狙いを防ぐための対策を放置すると攻撃者の「ROI＝1425%」は、その数字をもっと上げてしまう可能性があります。そうなら

ないようにするためにも次章以降で有効な対策について解説を進めていきます。

第2章

ウイルス対策ソフトは死んだのか？「防御には限界あり」の本当と嘘

「ウイルス対策ソフトは死んだ」— 2014年5月上旬、Wall Street Journal誌が報じたSymantec上級副社長のブライアン・ダイ氏の発言です。「死んだ」という表現がなかなかのインパクトがあり、セキュリティ業界を中心に大きな話題になりました。はたして、本当にそう言い切れるでしょうか？ 確かに、緻密な計画から攻撃を仕掛けられるとウイルス感染は防ぎようがない状況です。しかし、こうした風潮を受けて、もう防御には限界があるというのは少々早計にすぎはしないでしょうか？ 第２章では、攻撃者側の目的や狙いを踏まえて、多層防御の重要性について考えていきます。

「ウイルス対策ソフトは死んだ」の真意

物議を醸したブライアン・ダイ氏の発言ですが、この内容の背景について筆者なりに調査した範囲で補足します。これまでのウイルス対策ソフトは、パターンマッチングと呼ばれる手法が中心でした。ウイルスと判定するための検体と合致するかを確認することで検知し、ウイルス感染から保護するわけです。
図2.1の左半分が、ウイルス対策ソフトの期待されている動作と言えるでしょう。ウイルス対策ソフトを導入したPCやサーバーは、パターンファイルを最新にすることで、いわばカプセルの中で安全に守られているというものです。

しかし標的型攻撃では、まさに標的と狙いを定めた企業・団体が使用しているウイルス対策ソフトの製品を特定した上で、攻撃者サイドで開発したウイルスが、そのウイルス対策ソフトでは検知できないことをあらかじめ確認し、攻撃を仕掛けてきます。言ってみれば、「攻撃の練習をして準備万端にしてから本番に備える」のです。図2.1の右半分がその本番の状況を示しています。

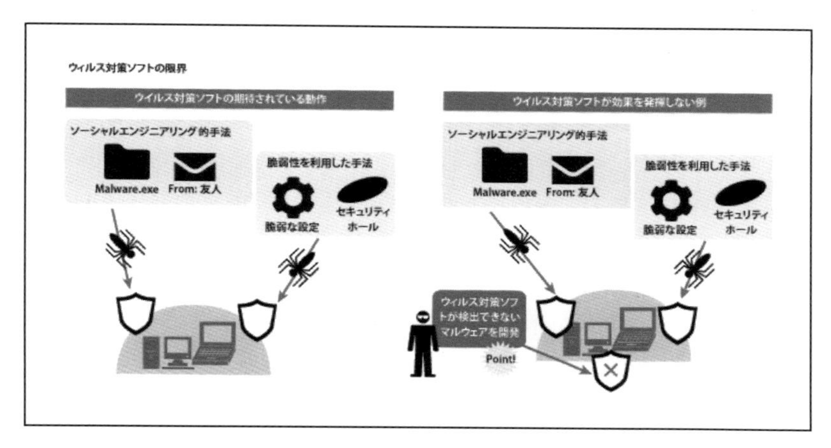

● 図 2.1　ウイルス対策ソフトの限界

「攻撃の練習」で絶対検知できないことを確認した上で攻撃するのですから、ウイルス対策ソフトは期待した動きをしない、まさに「ウイルス対策ソフトは死んだ」と言える状況です。

しかし、このことをもって、もう防御には限界があるというのは少々結論が早すぎないでしょうか。確かに、前述のような緻密な計画から攻撃を仕掛けられるとウイルス感染は防ぎようがない状況です。

しかし、第１章でも取り上げたとおり、攻撃者は一連の攻撃を成功させるための重要なマイルストーンとして管理者権限を奪うことに狙いを定めています。

では、その狙いを防ぐために、効果的な対策ができているでしょうか。ウイルス対策ソフトが期待した動作をしなかったからといってそれで“おしまい”ではないはずです。

「多層防御」の本来の目的を再確認する

ITに限らず、人間が作るものには100％完全なものなどありません。必ず、不良品があり、ミスや失敗があり、当初は完璧と思ったものも新しい脅威の出現、経時変化・劣化によりほころびが出るのです。「ウイルス対策ソフトは死んだ」もその一例でしょう。

しかし、だからこそ完全ではないことを前提に、失敗してもなお“安全側に倒れる”という考え方を、今まで以上に情報システムの構築や運用に取り入れる必要があります。航空機や自動車など、ひとたび事故になると人の命に関わるものは、古くからフェイル・セイフやフォールト・トレランスという考え方で失敗や事故を前提に、最悪の事態を避ける対策がとられています。

情報セキュリティでも同様の考え方が必要です。この分野でも古くから提唱されている多層防御は、この考え方に類似した思想を持つと考えます。

多層防御は用語としてはよく登場するのですが、その本来の目的は必ずしも共通認識になっていないのでは？と感じるときがあります。それは、同じリスクにたくさんのセキュリティ対策を実装することを多層防御と捉える場合があり、似て非なる多層防御になっているということなのです。

本来の多層防御はリスクが発生する層ごとにセキュリティ対策を実装し、その対策がうまく機能しなかったとしても、次の層で別の対策が防波堤となって、最悪の状態にならないことを目標にしているのです。

ウイルス対策ソフトが有効ではないからといって、それと同じような機能を強化し検知率を改善したとしてもイタチごっこになるだけです。その検知の仕組みをさらに潜り抜けるウイルスが出てきます。こうした単一の層のリスクへの備えを強化するよりも、攻撃の全体のプロセスを知り、一発で攻撃の狙いを達成しているわけではないことに着目して対策を講じるべきです。

ひとつの攻撃プロセスが成功を許したとしても、つまりウイルス感染したとしても、次の攻撃プロセスは成就させないことを目標にすべきで、まさに「多層防御」の考え方を取り入れた対策をとることで効果を発揮することが期待できます。

まとめ

本章のテーマは、「防御には限界あり」の本当と嘘でした。サイバー攻撃はもう防ぎきれないという風潮もあります。本当でしょうか？　ここまでの解説で以下のように整理できます。

- ウイルス感染を防ぐのは限界あり　⇒　◯本当
- サイバー攻撃を防ぐのは限界あり　⇒　×嘘（まだまだやれることがある）

人間はミスをするもの、失敗するものですが、攻撃者も同じ人間です。完璧ではないのです。遠隔操作しているのはロボットでも何でもなく、意志や感情を持った人間です。

第１章でご紹介した「ROI = 1425%」をニセ札作りで考えてみれば、700円投資して本物と見誤る精巧な１万円札が簡単に作れるなら、攻撃者はやる気満々になるでしょう。しかし、１万円札を作るのに割に合わないコストが発生したり、非常に長い時間を費やす必要があったりとなれば、攻撃者のやる気も変わってくるはずです。「まだまだやれること」その方針や具体策は次章以降で解説を進めていきます。

第3章

放置される情報セキュリティ
ポリシーの不備
「ネットワーク認証」と
「ローカル認証」の違いを
意識してる？

本書のテーマは「間違いだらけのサイバーセキュリティ対策」です。企業や公共団体の情報セキュリティに関する現状分析として、さまざまな観点から「間違い」を取り上げていきますが、そのひとつには、長く放置され、形骸化している「情報セキュリティポリシー」もあると考えています。第３章では、"なぜ情報セキュリティポリシーの不備がサイバー攻撃の成功を許してしまうことになるのか"について解説していきます。

情報セキュリティポリシーとは何か？

今さらかもしれませんが、まず「情報セキュリティポリシーとは何か？」について再確認をしましょう。

総務省が運営する国民のための情報セキュリティサイト「情報セキュリティポリシーの概要と目的」に次のような記載があります。

> 情報セキュリティポリシーとは、企業や組織において実施する情報セキュリティ対策の方針や行動指針のことです。情報セキュリティポリシーには、社内規定といった組織全体のルールから、どのような情報資産をどのような脅威からどのように守るのかといった基本的な考え方、情報セキュリティを確保するための体制、運用規定、基本方針、対策基準などを具体的に記載するのが一般的です。

そして、情報セキュリティポリシーは通常、ポリシー（基本方針）、スタンダード（対策基準）、プロシージャ（実施手順）という３つの構造からなり、順に詳細な内容へ展開され記載されることになります。具体的には以下のような内容がその例になります。

- ポリシー：情報管理者は、安全で確実な情報システム環境を提供し、情報システムやデータの完全性を維持する責任がある。
- スタンダード：情報システム管理者はウイルス対策ソフトを使用して、悪意のあるソフトウェアの侵入を防ぎ、システムの正常な運用および期待される運用が損なわれないようにすること。

- プロシージャ：ウイルス対策ソフトを使用するすべてのユーザーは、ウイルス定義ファイルを自動更新する設定をする。

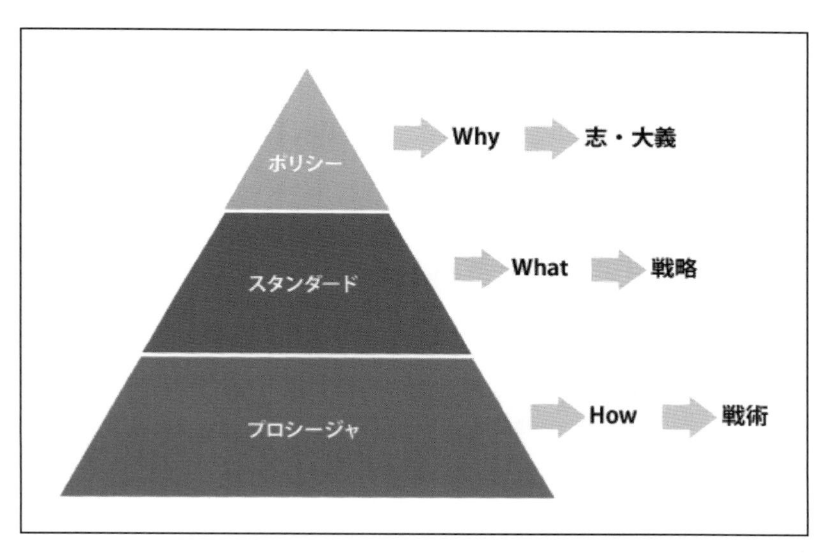

● 図3.1　ポリシー、スタンダード、プロシージャ

また、この図のとおり、ポリシー、スタンダード、プロシージャをそれぞれ「Why：なぜ」（志・大義）、「What：何を」（戦略）、「How：どのように」（戦術）として捉えることもあります。

情報セキュリティポリシーの古くからの課題

情報セキュリティポリシーにはさまざまな課題がありますが、昨今のサイバー攻撃で実際に被害が発生している状況を鑑み、特に次の２点を取り上げたいと思います。

課題１：新しい脅威に対応しきれていない内容になっていること

本章冒頭の“情報セキュリティポリシーとは何か？”の記載にも、「どのような情報資産をどのような脅威から、どのようにして守るのかについての基本的な考え方」とあります。

サイバー攻撃の事例が示すとおり、この脅威は年々変化し、増大している傾向です。こうした変化に対応するためにも、通常、PDCAのサイクルで中身を見直し、最新の脅威によるリスクについても対応できるようにしなければいけません。

前述のとおり、情報セキュリティポリシーはポリシー（基本方針）やスタンダード（対策基準）などからなります。ポリシーは毎年改定するようなものではありませんが、スタンダードは定期的に見直しが必要です。ところが、10年以上もスタンダードが改定されていないというケースさえあります。

課題２：情報セキュリティポリシーがスタンダードの記載レベルになっていること

情報セキュリティポリシーはポリシー、スタンダード、プロシージャの３つの構造からなると解説しましたが、現実には、ポリシーとスタンダードの２つをあわせて情報セキュリティポリシーと定義していることが多く、そもそも、プロシージャが作られていないことがあります。

スタンダードは「○○○すること」と、いわば要件定義に近いものであるため、具体的な手順までは記載しないことがほとんどです。たとえば、「本人確認を確実にすること」や「システムの稼働を監視すること」などがその例です。しかし、スタンダードだけを整備しても、具体的に何をやってよいか分かりません。具体策が現場任せになっていては、情報セキュリティポリシーの本来の目的である“セキュリティレベルの統一化”の実現は困難です。

ただ、抽象的な内容が目立つポリシー文書の中でも、パスワードに関するルールだけは、具体的に記載されている場合が多いです。そのため、パスワードに関しては“しっかりできている”と思われがちですが、実はそのパスワードに関することこそ潜在的なリスクがあるのです。そのあたりの事情を解説します。

パスワードのポリシーに見る落とし穴

パスワードのルールとして、一般的に以下のような内容が含まれます。

- パスワードは、他人に知られないように管理する。
- パスワードを秘密にし、他人からのパスワードの照会等には一切応じない。
- パスワードは次の基準を満たすものとする。
    - パスワードの長さは８文字以上
    - パスワードに用いる文字は、英数字および記号を含める
    - パスワードは３ヶ月ごとに変更し、過去５回以内に使用したパスワードを利用しない

通常、アクセス制御が必要となる情報システムの利用開始時には、認証が必要になります。パスワードによる認証は、もっとも一般的に使われる認証方式です。

パスワード、つまり“本人しか知らない情報”をもとに本人確認を行うため、この性質を維持するために上記のようなルールを定めています。これにより、本人以外が不正にパスワードを使うリスクをできるだけ低減することになります。

さて、いったいこのルールのどこに問題があるのでしょうか。パスワードそのもののルールとしては模範的、教科書的とさえ言え、一見、何も問題ないように思えます。

問題は、このパスワードのルールの適用について「ローカル認証」と「ネットワーク認証」の違いが意識されていないということなのです。この2つの認証にはどのような違いがあるのでしょうか。少々ややこしいですが、それぞれを解説すると次のように言えるでしょう。

- ローカル認証：この端末・デバイスは自分のものであることを確認すること

- ネットワーク認証：自分は組織の一員、もしくは会員のメンバーであることを確認すること

たとえば、Windows PCの場合、「このコンピューターにログオン」という場合のユーザーアカウントとパスワードによる認証は「ローカル認証」になります。すなわちユーザーアカウントもパスワードを照合するための値もそのコンピューター自身に保存されており、それをもとに認証されます。決して、ネットワークの先のサーバーに認証処理してもらっているわけではありません。

一方「ネットワーク認証」とは、企業内のネットワークのActive DirectoryやLDAPなどに代表されるように、サーバーでの認証がそれにあたります。また、インターネット上のさまざまなWebサイトでの会員認証では、データベースでも認証が行われます。

この2つの認証の違いを図示すると図3.2のように整理できます。図の中にもあるようにアカウントの登録が端末自身か、認証サーバーかに違いがあるとも言えます。

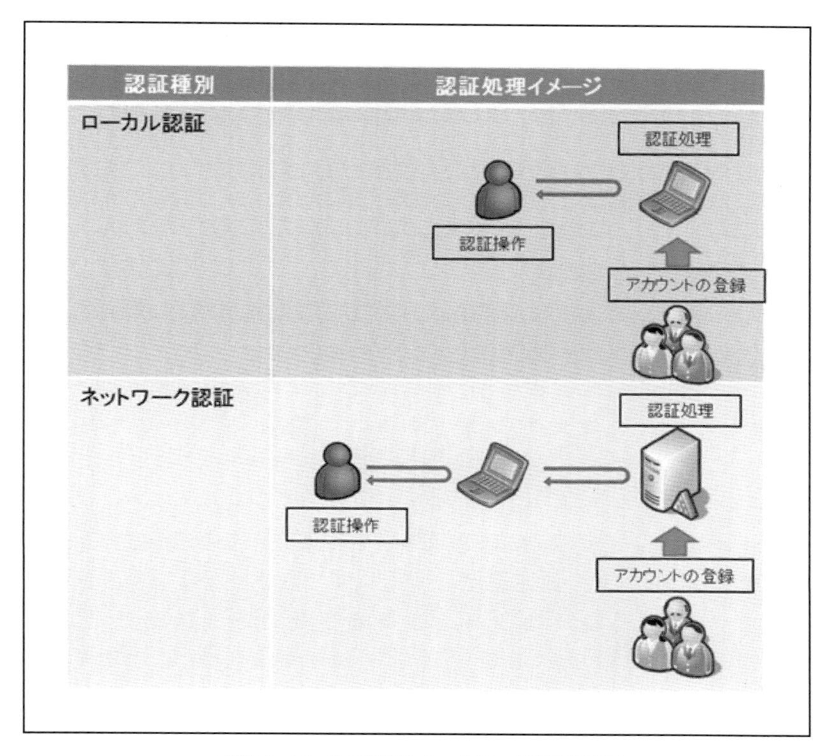

● 図3.2　ローカル認証とネットワーク認証の違い

前述のパスワードのルールは、ほとんどの場合「ネットワーク認証」のことを想定しており、「ローカル認証」のためには徹底されていないことがほとんどです。

その事例として、第1章にも取り上げた日本年金機構のNISCからの報告書の一部を再掲します。表現が若干違いますが、以下の報告内容の「ローカル管理者権限」とは、まさに「ローカル認証」によって得られる管理者の権限のことです。

> このメールの送信により、攻撃者は、端末1台を不正プログラムに感染させた。この感染端末が指令サーバーに接続した後、攻撃者は、当該端末を遠隔操作し、約30分後には当該端末のローカル管理者権限を奪取したと考えられる。その後、攻撃者は、2時間以内に他の6台の端末を順次不正プログラムに感染させ、うち3

> 台を遠隔操作下に置くことに成功した。攻撃者は、**すべての端末においてローカル管理者権限のID・パスワードが同一であったことを悪用し**、短時間で感染を拡大させたと考えられる。

すべての端末においてローカル管理者権限のIDとパスワードが同一だったということは、端末のパスワードを定期的に変更していたとは考えにくい運用があったと想像されます。

こうした運用になっている理由は、クライアントPCの大量展開のためのキッティングが直接の理由になっている場合が多いですが、システム管理者の効率を優先しているからとも言えます。PCの設定変更や、追加のソフトウェアのインストールの際、いちいち個別のIDとパスワードを入力しなくても済むように、共通のIDとパスワードにしているわけです。

そして、ひとたび攻撃者側に制御を奪われると"システム管理者の効率がよい"というメリットは、そのまま攻撃者側に移るのです。つまり、攻撃に都合のよいようにPCの設定変更もできれば、悪意のあるソフトウェアもインストールできるのです。さらに、多数のPCが同じパスワード設定になっている場合には、次々と他のPCにも同じ不正を働くことが可能になるのです。まさに、もろ刃の剣です。

「ネットワーク認証」についてのパスワードのルールは、ポリシー通り運用されていることが多いです。企業や団体で利用されているWindows PCは、Active Directoryで管理されている場合が多く、グループポリシーの機能を使って、パスワードのルールがシステムで制御されているからです。

しかし、「ローカル認証」はシステム管理者が利用する共通のIDはたいていの場合Administratorで、どの端末も同じパスワードのまま運用され続けており、パスワードのルールは適用されていないケースが散見されます。

情報セキュリティ監査では、システムの運用において、共有アカウント、つまり同じIDを複数の人で使いまわしていませんか？という確認をします。この質問の背景には、"誰が何をしているか、不明確な運用がないか？"を確認するという目的があります。

しかし、「ローカル認証」においてこの確認は徹底できていない場合が多いのです。こうした監査になる背景には、そもそも情報セキュリティポリシーに「ネットワーク認証」と「ローカル認証」の違いについての言及がないこと、また、その違いについての認識が乏しいことがあるのでは、と筆者は考えています。

こんな、小難しいことは、組織全体のポリシーとして不向きであると捉える人がいるかもしれません。しかし、現実の脅威を直視するならば、PDCA（Plan Do Check Act）のサイクルのうち「Act」、いわゆる改善すべきテーマがここにあり、新しい脅威に備えた情報セキュリティポリシーとして更新していく必要があるのです。

まとめ

第１章から本章まで、サイバー攻撃の現状分析をテーマに攻撃者側の狙い、防御する側の弱点を中心に解説を進めました。サイバー攻撃の攻撃者側は、意のままに標的の組織を制御するために、管理者権限を悪用することに狙いを定めています。このことは時代が変わってもそれほど目新しい手口ではないと言えます。ただし、管理者権限を奪う方法が巧妙化しているという点は気をつけなければいけません。

そして、こうしたサイバー攻撃の成功を許してしまう温床に、今回のテーマにも取り上げた情報セキュリティポリシーの不備があると言えます。

サイバー攻撃の脅威は、いま現実のものです。にもかかわらず、なかなか見直されることのない情報セキュリティポリシーは、組織の弱点が放置され、ひいては情報セキュリティ監査の品質にも影響してしまうのです。

繰り返しになりますが、サイバー攻撃の手口から考察すると、次のような改善活動を優先するべきと考えます。

- 「ネットワーク認証」と「ローカル認証」の違いをきちんと理解する
- 新しい脅威を考慮し、「ローカル認証」におけるパスワードポリシーを更新する
- 新しいポリシーを組織全体に適用し、実装する

ポリシー文書の改訂で終わっていては意味がないのです。セキュリティ監査の枠組みにもあるように、ルール・定義だけではなく、きちんと実装し、それが記録として残るようにしなければなりません。

次章以降は、対策編として効果的なセキュリティ対策について解説します。

第4章

多層防御による各対策例
セキュリティ対策は
“目的志向型”で実装しよう

第１章から第３章までは主に現状分析として、企業や公共団体の情報セキュリティに関する「間違い」を取り上げてきました。第４章からは具体的なセキュリティ対策について解説していきます。

セキュリティ対策の目的志向型と問題回避型

人の行動パターンには、目的志向型と問題回避型の２つのパターンがあると言われています。たとえば、「仕事から収入を得るのは何のため？」と質問された場合の回答もこの２つで分類できます。

1. 目的志向型：生活を豊かにするため、車を買うため、社会に貢献したいため
2. 問題回避型：老後に路頭に迷わないようにするため、毎月収入を得て家賃を滞納しないようにするため

どちらがよいとか、悪いとかはありません。ひとりの人間の行動の中にも、これらを使い分けていることが多いのではないでしょうか。

さて、この２つのパターンを意識して、よくあるセキュリティ対策を確認してみましょう。

USBメモリーを紛失し、盗難にあった
　PCのUSBインターフェイスの口をふさぎ、USBメモリーを利用できないようにする

メールの添付ファイルを開いてウイルス感染した
　メール開封訓練をして怪しいメールは開かないようにする

外部との不正な通信で、情報流出した
　外部との通信を監視し、不審な通信は遮断し、通信しないようにする

ウイルス対策ソフトがウイルスを検知しなかった
　もっと性能のよい検知システムを導入し、ウイルス感染しないようにする

情報セキュリティ対策は、事件や事故後に追加対策されるケースが多いためか、再発防止を目的に、「○○○しないようにする」という対策になりがちです。冒頭に取り上げた、問題回避型が中心となっていると言えるでしょう。

また、「セキュリティを確保するための考え方はもう十分に分かったから、具体的にどうしたらよいのか？ 手段を知りたい」という意見をよくいただくこともあります。

これもセキュリティの目的をじっくり考えるというよりは、手っ取り早く問題が起きないようにしたい、つまり“問題回避型に軸足がある”ことを示していないでしょうか。

情報漏えい・流出事件があるたびに、表面的な原因を追及し、それを封じ込めようとする対策になる傾向があります。これは、俗に言うモグラたたき対策です。ほとんどの場合、問題回避の手法として禁止を中心とした対策になります。

こうした対策の何がよくないのでしょうか？ 禁止を中心としたセキュリティ対策は、利用者の生産性を犠牲にしがちです。そのために不便を感じる利用者は抜け道を探し、セキュリティ対策をすり抜けるような運用をしはじめてしまいます。これが問題なのです。皮肉なことに問題回避策は、対策も回避される傾向にあります。

USBメモリー利用禁止なら、SDカードに書き出す。それがだめなら、Bluetooth通信で外部の媒体に書き出す。それがだめなら、会社で管理していない個人利用のクラウドサービスに書き出す。情報をPCから書き出す方法は他にもたくさんあるでしょう。ユーザーがUSBメモリーを利用する目的はほとんどの場合、コンピューター間でデータのコピーや移動を行う必要があるからです。目的志向型セキュリティ対策であれば、USB利用禁止ではないはずです。

では、目的志向型の情報セキュリティとはどのようなものでしょうか。筆者が、セキュリティ資格試験の準備から学んだことを例に解説します。

10年近く前に取得したCISSP（Certified Information Systems Security Professional）というセキュリティ資格取得のためのトレーニングで、情報セキュリティの基本3要素、機密性、完全性、可用性のうち「可用性」をもっとも重視することを繰り返し叩き込まれました。

「可用性」を重視する理由は、『情報をさまざまな脅威から保護し、「事業継続」性を確実にし、事業の損失を最小限に抑え、投資に対するリターンと事業機会の最大化を図る』という目的が情報セキュリティにはあるためとされていました。

正直に申し上げると、可用性重視というのは、目からうろこでした。「そうだったのか！」とちょっとした衝撃でした。情報流出しないように、とか、Webサイトが改ざんされないようにという、問題回避型の対策が情報セキュリティでは重視すべきと考えていたからです。

前述の可用性重視の理由から、目的志向型の情報セキュリティ対策が見えてきます。つまり、USBメモリー禁止ではなく、どうやって安全にデータのコピーや移動ができるかが目的志向型のセキュリティ対策と筆者は考えます。

組織で管理しているUSBメモリーを貸与し、暗号化をシステム的に強制しておく、また条件が許せば、データ交換専用のサイトを用意し、そこを経由してデータのやりとりをするという方法もあるでしょう。

目的志向型に基づく具体策とは—多層防御における各対策例

それでは、USBメモリーの安全対策のようなピンポイントではなく、セキュリティ対策の全体像として捉えた場合、具体的にどうすればよいのでしょうか。特効薬、銀の弾丸はありません。第2章でも紹介した、「多層防御による実装」が重要になります。

ただ、この多層防御という表現は、実装後の姿を示しており、本来の目的を表現していません。多層防御の目的は、ひとつの対策が失敗しても、多層的に準備されたその次の対策が機能することで、最悪の事態にならないことが目的です。少しニュアンスが違いますが、おおむねフェイル・セイフやフォールト・トレランスの考え方、失敗しても安全側に倒れる、あるいは正常な動作を続けると捉えることができます。

図4.1は、クライアントPCを中心とした多層防御の例について、ひとつの対策が期待した動きをしなかったとしても、さらに次の対策が効果を発揮していく様子を意図して表現したものです。

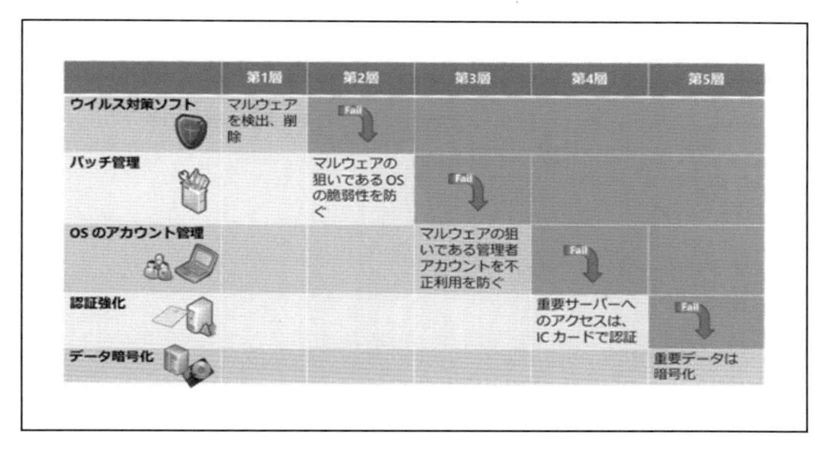

● 図4.1　クライアントPCを中心とした多層防御の例

第１層　ウイルス対策ソフト

定番のセキュリティ対策であるウイルス対策ソフトの出番です。第２章で、「ウイルス対策ソフトは死んだ」という発言を取り上げました。ウイルス対策ソフトの検出率が低下していると言われています。しかし、それでも世の中で流通しているウイルスの検知には効果があり、防ぐべきものです。

第２層　パッチ管理

第１層のウイルス対策ソフトが期待した動きをせず、検出や駆除が失敗する可能性があります。しかし、ウイルスの狙いの多くはOSやアプリケーションの脆弱性を利用して、権限を奪取することです。その脆弱性をきちんと防ぐためにも、パッチを適用します。

第３層　OSのアカウント管理

第２層のパッチ管理が徹底できていたとしても、まだ公開されていない脆弱性を利用したゼロディ攻撃と呼ばれるものがあります。ただ、ゼロディ攻撃だとしても、ウイルスの狙いの多くは、権限を奪取することです。

そのため、ごく簡便な対策としてはAdministratorという名前を変更しておくことです。これは、Administratorというアカウントを決め打ちで攻撃を仕掛けるような場合に備えるためです。

また、一般ユーザーの権限しかないAdministratorというアカウントをわざと作成しておく、いわゆる“おとりのアカウント”を作成しておき、そのアカウントに対して攻撃していないかを監視し、攻撃の予兆を見つけやすくするという対策なども有効です。

第4層　認証の強化

第3層もさらに乗り越えてきたとしても、攻撃者の狙いの多くは、ユーザーアカウントとパスワードなどの資格情報を盗み、制御を奪うことです。特に認証サーバーの管理者アカウントを取られると、認証サーバーによってアクセス制御を受けているシステムすべてのアクセス権を奪われることになります。

そのため、管理者アカウントは、特定の端末からのみログオンする、あるいはICカードなどの多要素認証を強制することで認証を強化します。このような管理策によって預かり知らぬ端末やユーザーによって管理操作されるリスクを低減するのです。

こうした対策をとることで、監査ログから正常な認証と、不正な認証が判断しやすくなる副次的な効果もあります。

第5層　データの暗号化

ここまでの防波堤をすべて突破されると、かなりの重傷です。情報流出をはじめ、好ましくない結果を招く状態です。しかし、最後の砦として、情報を暗号化することで、仮に情報を盗まれたとしても攻撃者にとっては無価値なものにするという対策です。

ただし、注意しなければいけないのは暗号化に用いた鍵の情報が第4防波堤までの攻撃で奪われていないということが前提です。暗号化による対策も鍵の管理ができていなければ意味を持たなくなります。簡単に復号できてしまうからです。

この5つの防波堤はあくまで例です。クライアントPCのセキュリティ対策のみならず、ネットワーク監視、ログ監視、正しい運用が行われていることの定期的な監査なども重要な対策になります。

まとめ

表4.1のように多層防御の各対策を問題回避型と目的志向型で整理すると、改めて一貫した目的があることがお分かりいただけるでしょう。

●表4.1　多層防御の各対策（問題回避型と目的志向型）

多層防御	問題回避型	目的志向型
第１層	ウイルス感染しないため	権限・アクセス制御を維持するため
第２層	OS/アプリケーションの脆弱性を悪用されないため	権限・アクセス制御を維持するため
第３層	クライアントOSの管理者アカウントを乗っ取られないため	権限・アクセス制御を維持するため
第４層	認証サーバーの管理者アカウントを乗っ取られないため	権限・アクセス制御を維持するため
第５層	許可されない人には、不正に情報にアクセスさせないため	権限・アクセス制御を維持するため

ここで解説した対策はほとんどの場合、大がかりな仕組みは不要です。「従来から言われている対策の繰り返しではないか」と思われる人も多いかもしれません。しかし、実際にはそれができていない場合が多いのです。

サイバー攻撃の報道から、つい高度な攻撃、しつこい攻撃で防ぎきれないという論調になりがちですが、むしろ、もともとあった不備がより目立つようになったと捉えるべき部分がかなりあります。高いコストをかけて高度なセキュリティ対策を導入する前に、ぜひ検討していただきたい内容ばかりです。

次章も対策編ですが、Windows環境を中心として、意外に使われていないが、効果的なセキュリティ対策機能を紹介していきます。

第5章

識別、認証、認可。
3つのフェーズを考慮して
アクセス制御を改善しよう！

第5章も対策編です。Windows環境の中でもクライアントPC向けのセキュリティ対策を中心に取り上げます。ただし、単に設定の仕方、断片的・表面的なノウハウとしてではなく、情報セキュリティの基本的な枠組みを考慮しながら構造的・立体的な対策として解説していきます。

制御を奪われないための“基本中の基本”の再確認

これまでの章でも、攻撃者の狙いは管理者権限を奪うことであり、その攻撃の最初の起点としてクライアント端末の弱点を狙ってくることを繰り返し解説しました。

そして、初期の攻撃が成功すると、多数のクライアント端末間を、いわば“カニ歩き”のように横方向に攻撃を仕掛け、何台ものクライアント端末がマルウェアに感染していきます。その攻撃が進む過程で、重要なサーバーの運用操作をしている端末にも攻撃が及び、そのサーバーの制御を奪います。その結果、「攻撃者が悪意のあるシステム管理者として成り済ませる状態」になるのです。あとは攻撃者の狙いに応じた不正が行われます。

こうした攻撃を俯瞰すると、攻撃の起点となり被害拡大する原因になっているクライアント端末自身の弱点を強化することが効果的です。

「制御を奪われる」とは、IT環境においてまさにアクセス制御を奪われることと読み替えてよいでしょう。

アクセス制御は、通常「1. 識別（Identification）→ 2. 認証（Authentication）→ 3. 認可（Authorization）」の3つの要素のステップにより実現されます。

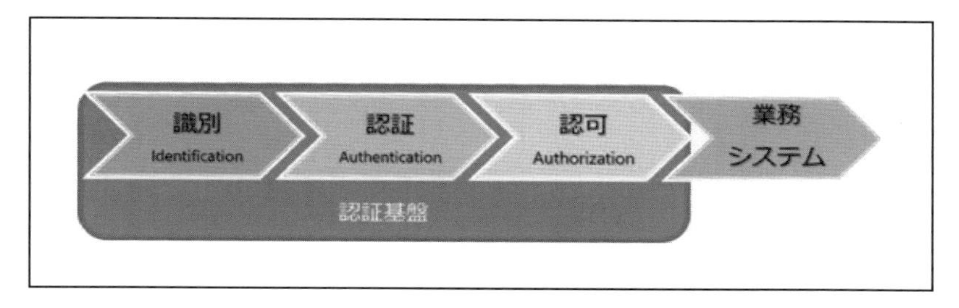

● 図 5.1　アクセス制御における３つのステップ

1. 識別

ユーザーを識別できるようにそれぞれに固有のユーザーアカウント（ID）を割り当てます。たとえば社員番号やメールアドレスなどがその例になります。

2. 認証

そのユーザーが本当に本人であることを確認します。現在の一般的な運用では、そのユーザーしか知りえないパスワードによる認証が中心です。

3. 認可

そのユーザーの属性に応じてアクセスできる範囲を確認します。たとえば、人事部のみアクセスできるファイルやフォルダーには人事部のユーザーだけがアクセスできるようにすることなどです。

3つのフェーズを考慮し改善しよう：1. 識別フェーズでの改善

OS デフォルト値を変更すること

マルウェアの中には、Administrator というアカウントを前提に攻撃を仕掛けるものがあります。Administrator というアカウントは、OS のデフォルト値としてあらかじめ定義されている場合が多く、それを狙ってくるのです。

Administratorというアカウント名が変更されているとマルウェアが正しく動かないものもあります。もちろんこれで万全というわけではありませんが、攻撃の成功を許す可能性を少しでも低くすることが目的です。

ただ、数千台、場合によっては数万台という、多数のPCのローカルAdministratorのアカウントをいちいち変更するのは大変ではと思われるかもしれません。

しかし、グループポリシーを用いて一括で名前変更することが可能です。

グループポリシー管理エディターという管理ツールで変更しますが、その設定箇所は、コンピューターの構成　→ Windowsの設定　→　セキュリティの設定　→　ローカルポリシー　→　セキュリティオプションの配下にある「アカウント：Administratorアカウント名の変更」です。

● 図5.2　Administratorアカウント名を変更するための設定箇所

ここでは図5.3のように、「RenamedAdmin」と設定してみます。

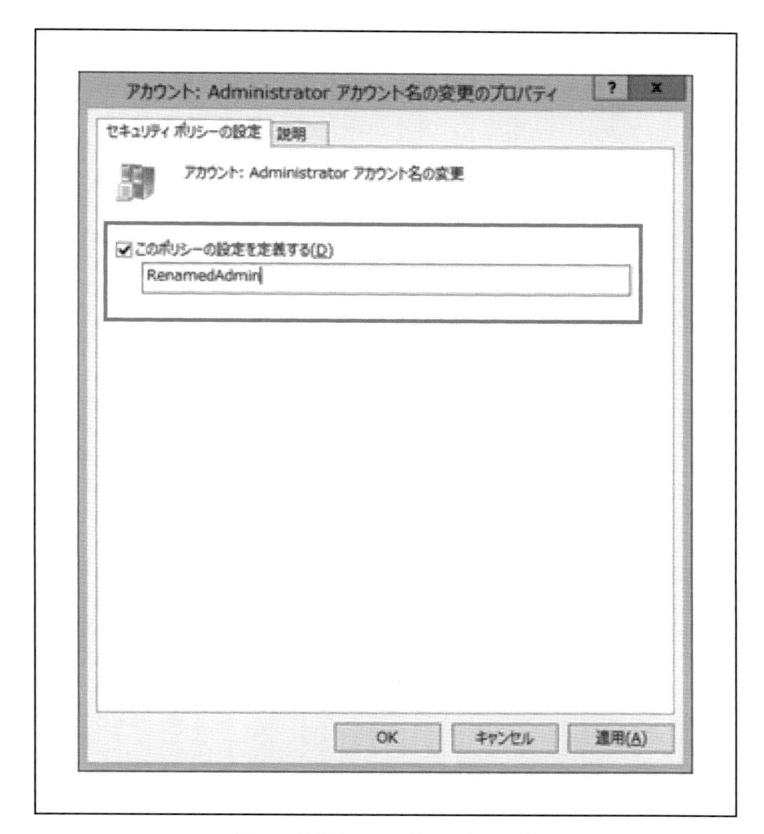

● 図5.3　変更するアカウント名の設定例

その結果、図5.4のようにドメイン参加しているクライアントPCのAdministratorというアカウント名がRenamedAdminになっていることが分かります。

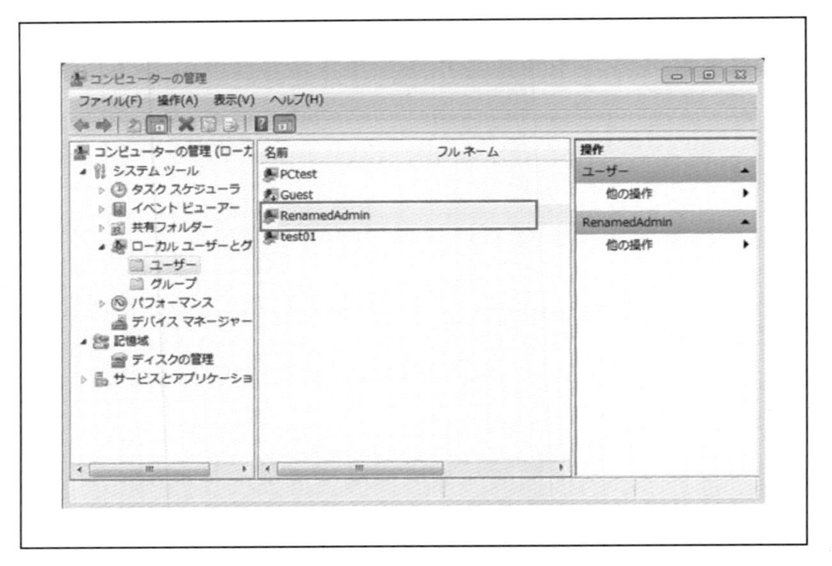

● 図5.4　グループポリシーによる設定が正しく反映された状態

なお、この機能をドメイン全体に適用すると、意図しない結果に結び付く可能性があります。

現実的な運用として、クライアントPC専用のOUなどを定義し、Administratorというアカウント名を変更しても問題ない端末から適用していくなど、段階的な展開の工夫が必要になります。

3つのフェーズを考慮し改善しよう：2. 認証フェーズでの改善

ユーザーと端末を紐づけること

意外と使われていない機能の代表とも言えるのが、「ユーザーがログオンする端末を限定する」ための設定です。

具体的にはADに登録されたユーザーのプロパティを開き、図5.5のアカウントのタブにある「ログオン先ボタン」をクリックし、図5.6のようにログオンできるコンピューターを指定します。

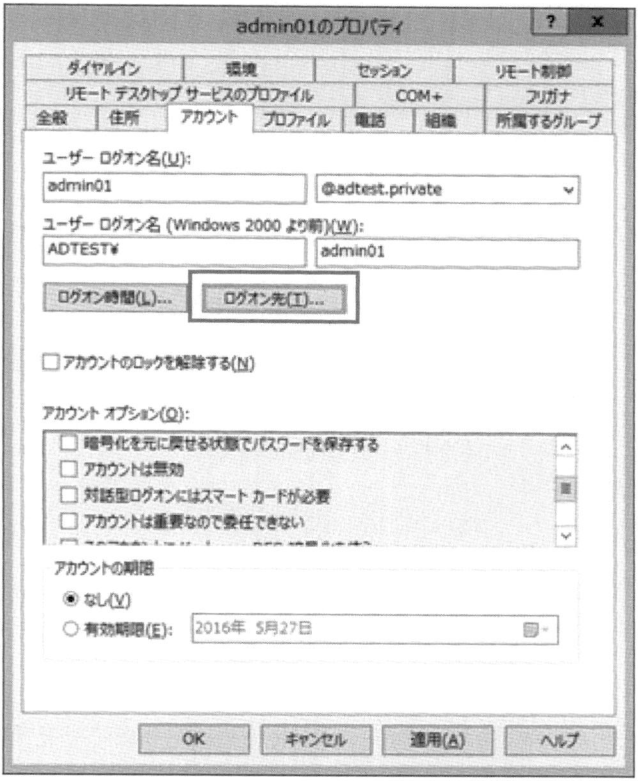

admin01のプロパティ

ダイヤルイン　環境　セッション　リモート制御
リモート デスクトップ サービスのプロファイル　COM+　フリガナ
全般　住所　アカウント　プロファイル　電話　組織　所属するグループ

ユーザー ログオン名(U):
admin01　@adtest.private
ユーザー ログオン名 (Windows 2000 より前)(W):
ADTEST¥　admin01
ログオン時間(L)...　ログオン先(T)...
□ アカウントのロックを解除する(N)
アカウント オプション(O):
□ 暗号化を元に戻せる状態でパスワードを保存する
□ アカウントは無効
□ 対話型ログオンにはスマート カードが必要
□ アカウントは重要なので委任できない
アカウントの期限
◉ なし(V)
○ 有効期限(E):　2016年 5月27日
OK　キャンセル　適用(A)　ヘルプ

● 図 5.5　admin01 がログオンする端末を指定するためのボタン

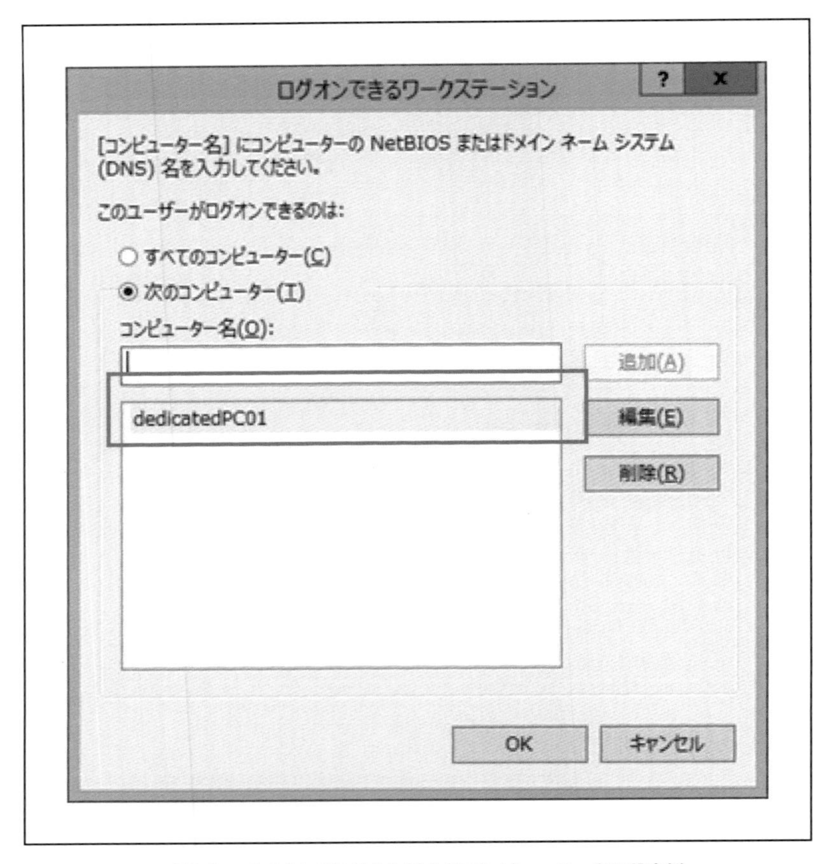

● 図 5.6　admin01 がログオンできるコンピューター名の設定例

デフォルトでは、すべてのコンピューターになっています。つまり AD に管理されている端末（ドメイン参加している端末）であれば、どの端末からでもログオンできる状態が初期の設定です。しかし、特定のコンピューターを指定することでユーザーとコンピューターが紐づけられます。具体的には、UserA は MachineA からのみログオンでき、MachineB や MachineC ではログオンが拒否される。という設定が可能になるのです。

図 5.7 は、ユーザーが許可されたコンピューター以外からログオンしようとした場合に、使用が拒否された画面イメージになります。

「このアカウントでは、このPCを利用できません。別のPCを使ってください。」というメッセージはまさにこの設定が有効に機能していることを示します。

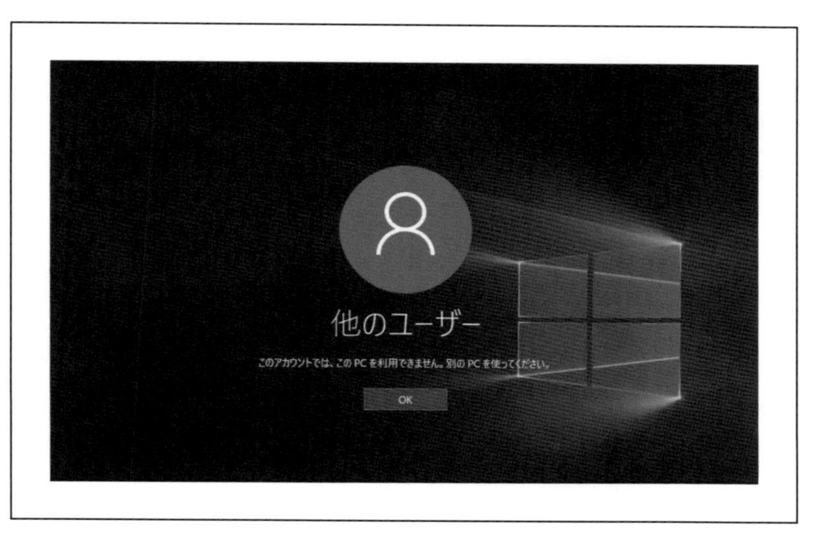

● 図5.7　ログオン先のコンピューター名と異なるコンピューターからログオンした場合

この設定の効果は、仮にユーザーIDとパスワードを不正に知られても、指定した端末以外では認証されないため、遠隔操作による不正を防ぐことに役立ちます。

ただし、この設定を全ユーザー対象にすると運用は煩雑になります。そこで管理運用操作をする管理者アカウントのみ端末を限定するという目標が現実的でしょう。

また、この設定が無効になってしまうことの防止も運用上重要です。

どの端末からもログオン可能になる初期の設定に戻っていないことを定期的に確認しておくことも合わせて大切なことです。

筆者の経験の範囲ではありますが、ユーザーと端末を紐づけるためのこの設定方法は知られていないことが非常に多いです。認証を強化するために簡便かつ有効な管理策です。実現可能な範囲から適用することをお勧めします。

最新OS（Windows 10）の利用

「やっとWindows XPをWindows 7に移行して安定運用しはじめたのに、もうWindows 10？」と感じる方もいるかもしれません。

新しい機能を、いち早く活用できるというメリットはあるのですが、数千台、数万台レベルで大量に展開され、さまざまな業務に利用しているPCをすべてWindows 10に移行するには計画的・段階的に展開することが現実的でしょう。

しかし、筆者は管理運用端末だけでもWindows 10にすることをお勧めします。理由は3つあります。

1. 新しいOSには最新の脅威に対抗するためのセキュリティ機能が実装されていること

不正に資格情報を奪う攻撃を防ぐ機能が強化されているためです。本書では詳細は割愛しますが、Device Guard、Helloによる顔認証の機能などです。

2. 管理運用端末であれば、業務アプリケーションの互換性検証は最低限でよいこと

管理運用のためのアプリケーションはOS標準のものがほとんどです。もちろん検証は必要ですが、通常、管理運用操作に不要な業務アプリケーションをインストールする必要はありませんので、その検証も当然不要です。

3. Windows 10の台数を見積もるために、管理者とその運用操作を棚卸できること

何人管理者がいて、どんな運用操作をしているか把握できていないケースが案外あります。運用管理端末を新OSに移行する過程でこうした棚卸ができることも副次的なメリットになります。

最新のツールを活用すること

LAPS（Local Administrator Password Solution）というツールをご存じでしょうか。2015年5月2日にマイクロソフト　セキュリティ　アドバイザリ 3062591として公開されました。

このツールは、Active Directory（AD）に参加しているコンピューターの、ローカル管理者アカウントのパスワードをADにて管理することができる無償のツールです。OS標準機能ではありませんが、ダウンロードして利用可能です。

このLAPSツールを利用することで、ドメイン端末のローカル管理者アカウントのパスワードをランダムなものにし、管理を行うことができます。これにより、万が一組織内への攻撃者の侵入があった場合でも、組織内への攻撃の広がりや侵入拡大を防ぐためのセキュリティを強化することができます。

3つのフェーズを考慮し改善しよう：3. 認可フェーズでの改善

セキュリティグループのメンバー確認の頻度を上げること

セキュリティグループのメンバーに誰が含まれているのか、新しく配属された人、異動した人が正しく反映されているか、退職した人は含まれていないかを確認することは、地道な作業ですが重要です。

「定期的にセキュリティグループのメンバーが正しい状態であるか確認しましょう」というときの定期的とはどれくらいの間隔でしょうか。組織の形態により一概に言えませんが人事異動のタイミングで、少なくとも年に１度、理想的には四半期に１度を推奨しています。

しかし、昨今のサイバー攻撃の実態から、重要なセキュリティグループのメンバーについては四半期に１度だとしてもその間隔が長すぎます。理想的には毎日でも確認すべきです。

これでは運用負担が高いと思われるかもしれません。しかし重要なセキュリティグループとは Active Directory の環境では、Enterprise Admins、Domain Admins、ビルトインの Administratorsなど、ドメイン全体に影響を与える可能性のあるセキュリティグループのことであり、それほど多くはありません。コマンドなどで自動的に取得できるような運用にしておくことで、効率よく確認するとともに、ヒューマンエラーを防ぐことも期待できます。

そして、棚卸の効率を上げるうえでも、そもそも不要なアカウントがこうしたセキュリティグループに含まれないようにしておくことも大切です。

まとめ

識別、認証、認可という3つのフェーズでアクセス制御を考えると、やはり「認証」に関する改善策のボリュームが多くなりました。結果論ですが、情報セキュリティの維持には「認証」がいかに重要であるかの証左かもしれません。

本人の確認と端末の確認が確実にできること、つまり許可された人やコンピューター以外から操作できないようにしておくことは、不正を働こうとする攻撃者にとっては非常に厄介な環境なのです。

本章で取り上げた対策は、管理者アカウントやその端末に的を絞ったものです。既存環境に与える影響を最小化し、かつ効果的な対策にすることが目的にあるからです。実装のハードルは低いはずです。ぜひ参考にしてみてください。

第6章

「セキュリティファースト」を現実的にどう実現すべきか？

「モバイルファースト」や「クラウドファースト」は筆者の勤務するマイクロソフトのビジネスの目標にもなっています。サーバーはオンプレミス、端末はPCのみ、社内事務所だけでそれらを利用する……という制約のある従来の環境から変わっていく姿を示していると言えます。また、在宅勤務を代表とする働き方の変化や、多様な人材が活躍する社会を支えていくための基盤という意味合いもあるでしょう。同様に、システムの実装・運用の設計においてはセキュリティを最初に考えておくべき、いわゆる「セキュリティファースト」が重要です。ここで言うセキュリティファーストとは、何よりも優先すべきはセキュリティということではなく、"設計時にセキュリティを考慮しておくことの重要性"を意図しています。あとからセキュリティを見直す必要が生じても、実際にはその対応が困難なケースがあります。本章では具体例を交えながら、セキュリティファーストの重要性を解説していきます。

あとからセキュリティ強化策を実装するのは困難

「モバイルファースト」「クラウドファースト」という目標は、なかなか企業で実現できないからこそ"スローガン"となっている側面があるように、「セキュリティファースト」も十分に実現できておらず、設計時点でセキュリティの考慮がなされていない傾向があります。

そこでまず、具体例を紹介しましょう。本書では繰り返し、セキュリティの特性（機密性、完全性、可用性）を維持するためには認証が重要であることを解説してきました。その重要性があまり考慮されていない例として、ローカル認証において、すべてのPCのローカル管理者権限のIDとパスワードが同一になっていることを悪用された事案を取り上げました。

この改善策として、Administratorというの OSのデフォルト値の管理者用のアカウント名を変更することや、パスワードをPCごとに個別にユニークにすることがあげられます。また、これを機に従来パスワードの長さが6文字だったものを8文字にして、少しでも推測されにくいものにしようと改善が試みられるケースもあります。

技術的には大して難しい問題ではなく、グループポリシーやLAPSなどのツールの適用で、比較的簡単にこうした目標は達成できるはずです。ところが、現実にはそうは簡単にはいかない場合があります。

- 独自開発したシステムでパスワードを6文字固定の入力フィールドにしているシステムがあるので、そのシステムを改修するまではパスワードを8文字以上にすることなどできない。また、こうしたパスワード文字数に制限のあるシステムが他にもあるかもしれないので、調査しないとパスワードの強化策に着手できない。
- スクリプトやバッチでAdministratorというアカウントとパスワードを埋め込んでいるので、どんなシステムにどんな影響があるのか分からない。

といった場合です。こうした事情から、大規模な環境ではそう簡単にセキュリティ強化策は実装できないことがお分かりいただけると思います。しかし、まさにこれはセキュリティファーストを目標としてこなかった実装が招いた結果と言えます。

- アプリケーションの開発時点で、パスワードの長さを固定ではなく可変に対応しておく
- そもそもスクリプトやバッチに本当に管理者権限が必要かを検討する
- やむを得ず管理者権限が必要だとしても、OSのデフォルト値をそのまま使わず、Administrator以外の名前になっても対応できるようにしておく
- スクリプトやバッチの中に認証処理を必要としない方式を検討する
- それでも事情によりこうした運用が避けられないときは、それを監視したり、定期的に監査したりし、何かあったときにはすぐに現在の運用が提示できたり、説明できるようにする

結果論と思われるかもしれませんが、どれも実装前に検討可能なことばかりではないでしょうか。

セキュリティファーストをどう実現していくべきか？

セキュリティ対策とは、セキュリティ製品を導入することだけが目標ではありません。むしろセキュリティ製品の大部分はセキュリティ事故・事件後の被害がそれ以上大きくならないことを目標にしている場合が多く、セキュリティファーストとは言い難いものがあります。

では、セキュリティファーストはどのように実現していくべきでしょうか。多層防御を逆引き的に表現すれば、リスクの発生しそうな層ごとにリスク低減策を事前にとっておくということにつきます。

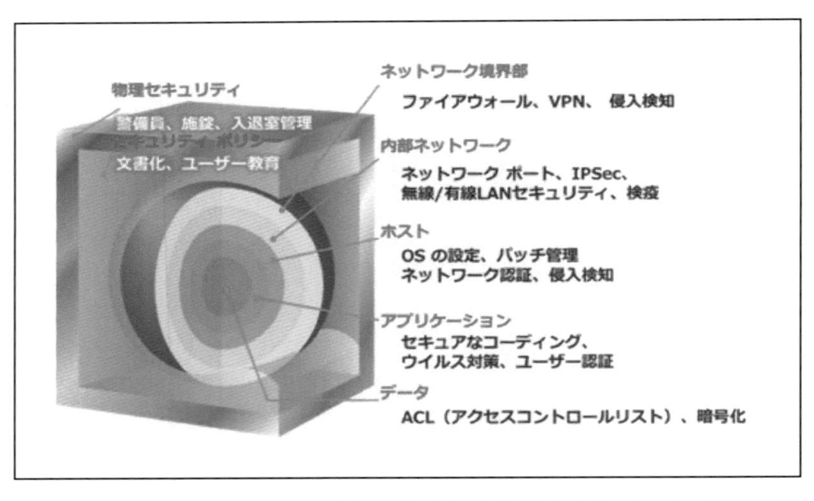

● 図6.1　リスクの発生しそうな層ごとにリスク低減策を事前にとっておく

情報システムを構成するどの層にも弱点・脆弱性があり、その弱点を突かれないようにするための工夫を各層の実装段階で検討すべきなのです。単一の製品や技術に偏っているために、たとえばネットワーク層だけで対応しようとするあまり不正な通信をブロックするというような対策になりますが、その前に不正な通信を許してしまっている原因を特定し、それを防ぐことの方が重要と筆者は考えています。

前述のとおり、業務システムの開発や運用を効率的に行うためのスクリプト開発なども、アプリケーションという層においてセキュリティ上の課題が含まれています。しかし、セキュリティは情報システム部門のインフラ担当（サーバーやネットワークの構築や運用など）の仕事という暗黙の前提がないでしょうか。こうした認識がある場合、まずそこから改めていくことからがスタートです。アプリケーション開発担当もセキュリティを十分に考慮した開発を行っていく必要があるのです。

繰り返しになりますが、セキュリティファーストを実現するためには、セキュリティの全体像に多層防衛が必要であると認識し、層ごとに設計時からリスクを識別し、その低減策をあらかじめ盛り込んでおくことです。

まとめ

2015年に起こった情報セキュリティ分野の大きな事件・事故のひとつに日本年金機構の情報流出事案があり、メディアにも大きく取り上げられました。筆者はこれに加えて、横浜のマンションで基礎工事の際の杭がしっかりとした地盤まで到達しておらず傾いているというニュースから、情報システムがセキュリティファーストとすべき理由との類似性を感じました。

情報システムを構築する際、しばしばアーキテクチャーという表現が使われます。ITを建築物に比喩して、工程管理を含め、目的にあったしっかりとしたものを作る意識が背景にあるからでしょう。

情報セキュリティはまさに基礎工事です。本来最初にやっておくべきことを、あとから修正しようとすると大変な困難が伴うことを、マンション建築の基礎工事の不備からも学ぶことができるでしょう。その後の報道では建て替え工事に3年半を要するとされていました。

このように現実にはセキュリティ対策は事件・事故が起こったあとに検討されます。そして、基礎工事の見直しではなく、内装や外装だけを整える傾向があります。もちろん内装や外装もきちんとしていなければなりませんが、基礎工事の見直しをしない限り再発防止につながらないのです。

セキュリティ対策を強化していく検討の際、その対策が建築物・構造物のどこに相当するのか、事前対策なのか事後対策なのかを改めて吟味することが重要です。

第 7 章

効果的にログを
活用できていますか？
“基準”がなければ、ただのログ！

前章に続き「実装や運用」における課題と対策のポイントを解説していきます。本章ではログの活用と管理について詳しく紹介していきます。

ログの活用の課題

情報流出などセキュリティインシデントが発生すると、さまざまな観点でセキュリティ対策を強化する取り組みが行われます。そのひとつは監査ログをこれまで以上にしっかりと取得するというものです。この大方針・目的自体はよいことなのですが、事故直後は、しばしば「やりすぎでは？」とさえ思える傾向になり、結局プロジェクトが頓挫するケースがあります。

たとえば、「ファイルを新規作成した・開いた・編集した・削除した」などユーザーの一挙手一投足をすべてログに書き出すというような要件です。合理的なコストで構築でき、また、このログから効果的な分析ができればこうした目標も意義があるでしょう。

しかし、実際には、あまりにも大量のログが生成され、それを保存するために非常に大容量のストレージが必要になることが机上の計算でも分かってくるようになります。そして、それを実現するためのハードウェアのコストは必然的に高くなります。また、採取した大量のログも何を重点的に見ればよいかも分からないままになります。その結果、前述のとおり、プロジェクト検討途中で現実的ではないとの判断に至るのです。

こうした事例に限らず、ログの活用については古くから課題があります。サイバー攻撃の脅威が現実のいま、ログの効果的な活用を検討するにあたって２点課題を取り上げたいと思います。

課題1：ログを予兆管理として活用していないこと

ログデータを活用するのは、どのようなタイミングでしょうか？　それはほとんどの場合、インシデント発生後を想定されているのではないでしょうか。インシデント発生後、その時点からさかのぼって何が起こっていたのかを分析しようというものです。ログは、コンピューターの利用状況や各種データ通信などの記録です。

何かの結果の記録ですから、ある意味、事後対策になっているのは当たり前です。事前対策として、別の言い方をすれば予兆管理としてログを確認することは困難であると感じる人も多いでしょう。しかし、工夫の余地があります。

何気なく使うログという用語は、「イベントログ」を指す場合と「監査ログ」を指す場合があります。どちらもログには違いありませんが、後者には“監査”とつく以上、監査を目的にしているわけです。

イベントログと監査ログの違いはさまざまな解説がされています。まず、イベントログですが、これはコンピューターの利用状況や各種データ通信などの記録です。構築・運用者が意図的に設定をしないでもOSが自動的に書き出すログも含まれています。もちろんセキュリティ監査にも活用できるもととなるデータも含まれますが、それだけではなく障害時の問題の原因究明など、より広範囲の目的を持っているとも言えます。

一方で、監査ログとは、Webメディアの記事「監査ログをいかに取得し活用するか[注1]」でも紹介がありましたが「システムの利用者、開発者、運用者がシステムに対して実行した操作内容を時系列かつ連続的（いつ・誰が・何をした）に記録されたものであり、その記録からシステムの運用が法規制、業界基準、社内規定等の監査基準に準拠しているまたは有効であることを、監査証跡として証明するために使用するログの事」とされています。似たような印象のあるイベントログと監査ログですが、大きな違いは“基準”の有無でしょう。

本書ではこれに補足する形で、情報セキュリティ監査の基本的な手続きについても言及しておきます。図7.1のとおり、監査手続きを行うためには、「基準」（Audit Criteria）が必要です。基準がない状況では監査を行うことがそもそもできません。

注1）https://thinkit.co.jp/story/2010/11/30/1895

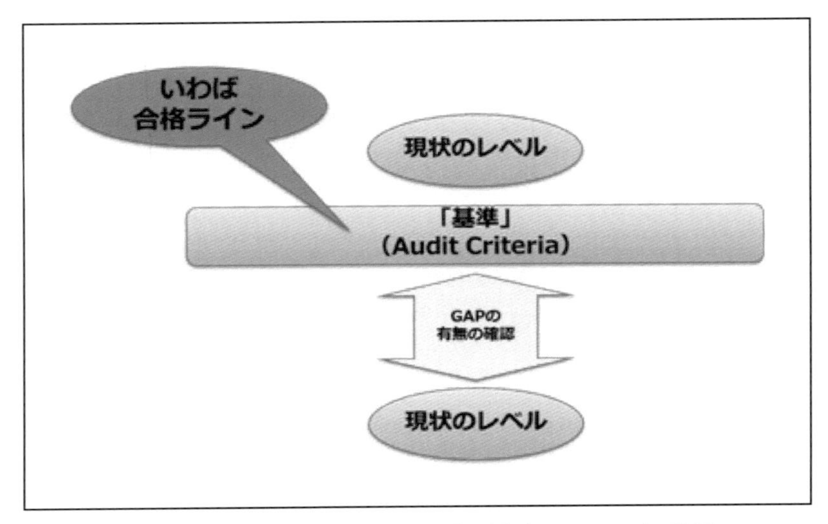

● 図7.1　監査手続きを行うためには、「基準」（Audit Criteria）が必要

イベントログを監査ログとして活用するためには、この監査の考え方・枠組みが不可欠です。つまり基準がなければただのログにすぎず、どうしても“何かあったときにあとで見ればよい”という位置づけになってしまうのです。この状態が続く限り、予兆管理の目的にログは活用できません。

課題2：ログが削除されるリスクへの対応が十分でないこと

第２章でも取り上げましたが、従来のセキュリティ対策はもう役に立たなくなってきています。象徴的な例として、ウイルス対策ソフトの検知率の低下が取り上げられます。しかし、これだけではありません。「何か起こったら、そのときにログを見ればよい」という考え方自体も役に立たないケースがあるのです。

なぜなら、実際に起こっているサイバー攻撃の被害にはイベントログの重要な部分から根こそぎ削除されてしまっているケースがあるからなのです。こうした状況を招いてしまうのは言うまでもなく、ログを削除する権限、つまり特権を奪われてしまうからです。

だからこそ、Administrator、rootなどシステムの重要かつ基本的な構成を変更できるアカウントを厳重に保護していく必要があるのです。

効果的なログの活用のために

では、(1)で取り上げた予兆管理を行い、(2)で取り上げたようにログ自体の削除を防ぐためにはどうすればよいでしょうか。

重要な課題に取り組むときこそ、基本の振り返りが大切です。前述の監査の考え方が参考になります。それが基準であり、その基準の詳細化です。これまで漠然と、成功の監査、失敗の監査などの取得をもって監査ログとしていることはなかったでしょうか。

しかし、攻撃者の狙いが管理者の資格情報を奪うことと狙いを定めている傾向から、次のような基準を作り、そこから例外が出ることを集中的に確認していくことが重要です。

- アカウントを登録する日時などを基準として設け、それ以外の時間帯のアカウント登録を目立つようにする
- 管理者のセキュリティグループのメンバーシップのリストを基準として定め、変更があるイベントを取得する
- 管理者アカウントが操作する端末を専用化することで操作端末を基準とし、専用端末以外のIPアドレスからの認証の成功や失敗のログを確認する

このような基準を定義する理由は、インシデントが起こったときに確認するのではなく、重点ポイントを絞り出し、できるだけ頻繁に、可能であれば毎日、問題が発生していないことを確認するためです。

こうすることで、予兆管理にもつながり、ログ自体を削除されてしまうリスクも低減できます。こうした例は一例ですが、運用上の基準を設けない限り、効果的なログの活用ができないことがお分かりいただけるでしょう。

まとめ

膨大なログをどう活用し、情報セキュリティの維持に役立てればよいのか多くの企業・団体にとって悩みです。しかし、ログが暗黙的に監査ログのことを指し示していることにこそヒントがあります。

それは基準を定めることです。そしてさらに重要なことは、その基準を定期的に見直すことです。わたしたちの日常の中に潜む脅威そのものを抑え込むことはできません。しかし進化する脅威も、結局は脆弱性、弱点を悪用していくことでリスクが顕在化し、不正アクセスなどの成功を許してしまっていることを再認識するべきです。

新しい脅威の代表でもあるサイバー攻撃による被害も、どのような弱点を悪用しているかを見定めることが、監査ログを取得するための基準作りに役立ちます。そして、その結果不正を目立たせることができ、検出しやすくなるのです。

組織によって、この弱点はさまざまです。ぜひリスクアセスメントを行い、弱点を明確化し、効果的なログの活用に役立ててください。

第8章

根本原因に対応しない限り、本質的な解決にならない！

本章が「間違いだらけのサイバーセキュリティ対策」の最終章です。本書では、昨今のサイバー攻撃の起点がクライアント端末になってきている状況を鑑み、従来のセキュリティ対策だけでは不足している点を取り上げ、効果的なセキュリティ強化策の検討材料を提供することを目標に解説してきました。最終章では、まとめとしてぜひ再確認していただきたい内容をお伝えしていきます。

根本原因に対応しない限り、本質的な解決にならない

筆者の業務の経験上、「即効性のあるセキュリティ対策は？」と直接的な解答を求められることが多いですが、しかし、通常は次のようなステップで検討することをお勧めしています。

1. 現状分析
2. 有効な対策の検討と選択
3. 実装の設計
4. 運用の設計

こうしたステップを設ける理由は言うまでもなく、根本原因を特定し、それを封じる対策を講じない限り、再発防止にならないからなのです。

たとえば、一度サイバー攻撃を受け、正常に動作しなくなったサーバーを、OSから新たにインストールし直し、バックアップデータから復元することで、（その時点では）クリーンな環境に戻ります。しかし、根本原因に対処できていない場合は、再度そのサーバーはセキュリティ侵害を受けることが実際にあるのです。

再びセキュリティ侵害を受ける理由の多くが、クライアント端末にマルウェアが感染した状況が残っているためです。その端末が再び攻撃を開始し、一時的にきれいになったかに思えるサーバーがまたセキュリティ侵害を受けるのです。

このような状況で、外部との不正通信を遮断するという対策をしたとしても、クライアント端末からの攻撃を封じる対策をしない限り、本質的な解決にならないことがお分かりいただけるでしょう。

“運用する体制”と“運用するためのプロセス”が重要

根本原因も特定できたし、それによるリスク低減策も十分に効果が期待できそうだとしても、まだ安心してはいけません。前述の１～４のステップを設ける理由は、十分に運用可能で、その対策が永続的に効果を発揮するように維持されることが事前に検討されることが重要だからです。

「これはすごい！」と思って導入した製品が、実際には運用できず期待した効果を発揮できなかったということが散見されます。このようなことがないように、安定して運用することができるのかを、導入前にしっかり吟味することが重要です。

運用には、よく３つのＰが重要とされています。People、Process、Productsの頭文字がすべてＰになっていることからこの３つのＰを考慮した運用設計が重要というものです。

単にセキュリティ製品を導入すれば終わりということではなく、それを運用する体制と運用するためのプロセスが重要なのです。

一例ですが認証を強化するためにICカードのような多要素認証システムを導入したとしても、ICカードの紛失・盗難に備えて、当該カードでは認証を拒否するという仕組みがあってこそ認証が強化されたと言えます。紛失・盗難時の連絡体制、誰が失効処理をするのかなどがきちんと整備されて、ようやく認証を強化するという課題解決になるのです。

権限・アクセス制御を奪われないことが重要な目的

これまで全８章にわたり「間違いだらけのサイバーセキュリティ対策」についてご紹介してきました。

- 第１章　繰り返されるサイバー攻撃、その共通の手口とは？
- 第２章　ウイルス対策ソフトは死んだのか？　「防御には限界あり」の本当と嘘
- 第３章　放置される情報セキュリティポリシーの不備　「ネットワーク認証」と「ローカル認証」の違いを意識してる？
- 第４章　多層防御による各対策例　セキュリティ対策は“目的志向型”で実装しよう
- 第５章　識別、認証、認可。３つのフェーズを考慮してアクセス制御を改善しよう！
- 第６章　「セキュリティファースト」を現実的にどう実現すべきか？
- 第７章　効果的にログを活用できていますか？　“基準”がなければ、ただのログ！
- 第８章　根本原因に対応しない限り、本質的な解決にならない！

どの章も現在の企業・団体のIT環境でセキュリティを改善するための材料となる内容ですが、特にひとつをお勧めするとすれば、第4章「多層防御による各対策例　セキュリティ対策は“目的志向型”で実装しよう」をあげます。

いまのセキュリティ対策は“問題回避型”で捉えることが多く、ユーザーの利便性を犠牲にすることが暗黙の了解とさえ思える状況があります。本書のテーマである「間違いだらけ」はこの点にもあると言えるからです。

また、単一の製品を導入し、これさえあれば安全とする考え方も「間違い」であることをお伝えするために、「多層防御による対策」が重要であることを繰り返し解説しています。

そして、表8.1は再掲となりますが、一貫して権限・アクセス制御を奪われないことが重要な目的となっていることをお伝えしたいためです。

●表 8.1　多層防御の各対策（問題回避型と目的志向型）

多層防御	問題回避型	目的志向型
第１層	ウイルス感染しないため	権限・アクセス制御を維持するため
第２層	OS/ アプリケーションの脆弱性を悪用されないため	権限・アクセス制御を維持するため
第３層	クライアント OS の管理者アカウントを乗っ取られないため	権限・アクセス制御を維持するため
第４層	認証サーバーの管理者アカウントを乗っ取られないため	権限・アクセス制御を維持するため
第５層	許可されない人には、不正に情報にアクセスさせないため	権限・アクセス制御を維持するため

まとめ

企業のビジネス上の目標は千差万別です。そして企業の規模によって、IT の既存環境も、対策にかけることのできるコストも体制も千差万別でしょう。そのため、具体的なセキュリティ対策も事業の性質に応じて千差万別になるのが実際のところでしょう。しかし、根本原因は千差万別ではなく、むしろたいていの場合共通しているのです。

本書を執筆中にも、旅行会社や先進的に IT を活用した地方自治体の教育環境での情報漏えいインシデントがありました。攻撃手法が高度であることや、運用がルーズであったことなど原因はいろいろと報道されています。

しかし、繰り返しお伝えしてきたように、根本原因のほとんどは確実な本人確認ができていないことを改めて認識いただきたいと思います。

インパクトの大きなインシデントほど大きな報道がされますが、その報道内容の表面的な事実に左右されず、ぜひ根本原因を特定してください。

そして、効果的なリスク低減策を検討し、確実に運用できることを目標にするために、改めて本書の内容を活用いただければ幸いです。

おわりに

ここ数年で、情報セキュリティからサイバーセキュリティという表現に変わってきている印象があります。NISCと略称はそのままですが、「内閣官房情報セキュリティセンター」が2015年1月には「内閣サイバーセキュリティセンター」と改められたのも象徴的でしょう。

サイバーセキュリティと呼ぶことで、「新たな脅威の時代に突入した」と感じる人と、「サイバー空間のセキュリティに偏った対策になる」ことを憂慮する人がいます。

どちらも一理あるのですが、筆者はセキュリティを全体感で捉えるべきと考えています。つまり、サイバー攻撃のような「意図的脅威」もあれば、うっかりミスのような「偶発的脅威」も、地震や台風などの自然災害のような「環境的脅威」もあることを忘れてはいけないのです。

ただ、それでもなお、サイバー攻撃に重点を置く理由は、「偶発的脅威」や「環境的脅威」に比べて「意図的脅威」が多様化し増大すると予測されているからではないでしょうか。IT環境のイノベーションはしばしば攻撃手段が豊富になることにもつながります。「はじめに」でも紹介したように科学技術には「価値中立性」があるためです。

一方で、将来の多様化した脅威などまだ誰も経験したことのない得体の知れないものであり、どのように対応すればよいか悩みが深まるところです。

しかし、本書で一貫してお伝えしてきているように「管理者の権限（特権）を奪おうとする攻撃者の狙い」は時代が進んでも大きく変化しないと考えられます。

また、防御手法も進化していくことになるでしょうが、人間が作るものである以上どんなに改善をつくしても100%完璧ということはあり得ません。そこで複数の防御策をうまく連携させる多層防御、正しく運用され維持されていることを確認する効果的な監視や監査の工夫、こうした対策は普遍的であり、いつの時代でも役立つと考えています。

古くて新しい教科書として今後のサイバーセキュリティ（情報セキュリティを含む）の対策にお役に立てれば幸いです。

本書はEnterpriseZine／Security OnlineでのWeb連載「間違いだらけのクライアント・セキュリティ対策」を書籍の形に発展させたものです。

こうした進行は初めての経験であり原稿作成とその見直しにあたって思案する場面が多々ありましたが、IT 業界やセキュリティコミュニティの皆さま、また翔泳社編集部の皆さまから貴重な助言やフィードバックをいただくことで書籍化することができました。
末筆になりますが、お力添えをいただいたすべての皆さまに心より感謝いたします。ありがとうございました。

著者プロフィール

香山　哲司（かやま・さとし）

日本マイクロソフト株式会社　エンタープライズサービス　シニアプレミアフィールドエンジニア

兵庫県神戸市出身。兵庫県立長田高校、東京理科大学卒、凸版印刷を経て、2001年、マイクロソフト株式会社（現、日本マイクロソフト株式会社）に入社。エンタープライズサービス部門に所属。2007年CISSPを取得後、異なる企業・組織、異なる分野の専門家を交えた情報交換の場で積極的に情報発信を続けている。特に西日本地区でのコミュニティ活動を対象として2010年7月NPO団体（ISC）より第4回アジア・パシフィックInformation Security Leadership Achievementsアワードを受賞。2012年より公認情報セキュリティ監査人資格（CAIS）を取得し、マイクロソフト製品に閉じず、業界標準の枠組みも活用しながら、ITインフラや情報セキュリティの計画・実装・監査・改善活動全般にわたり、コンサルティングを担当している。著書に『なぜマイクロソフトはサイバー攻撃に強いのか？』『なぜ、強い会社はICカードを活用しているのか？』（ともに技術評論社）がある。

間違いだらけのサイバーセキュリティ対策
目的志向型で実装する効果的なセキュリティ強化策

2017年1月31日　初版第1刷発行（オンデマンド印刷版Ver1.0）

著　者　香山 哲司（かやま さとし）
発行人　佐々木 幹夫
発行所　株式会社 翔泳社（http://www.shoeisha.co.jp/）
印刷・製本　大日本印刷株式会社

ISBN 978-4-7981-5085-7　Printed in Japan

制作協力 株式会社トップスタジオ（http://www.topstudio.co.jp/）＋Vivliostyle Formatter